AF345412

SALITRE

CATHAYSA HERRERA RODRÍGUEZ

SALITRE

EXLIBRIC

ANTEQUERA 2021

CATHAYSA HERRERA RODRÍGUEZ

SALITRE

Prólogo

Me llamo Cathaysa María Herrera Rodríguez, aunque en mi pueblo soy Cathaysa la de Ani, Cati María o Melchorita, dependiendo de quién me nombre. Nací el 23 de julio de 1993 y desde entonces vivo en El Pris. Tengo algunos certificados que dicen de mí que soy ciertas cosas o, más bien, que sé ciertas cosas. Pero lo único que sé con certeza es que soy de El Pris.

Mis pasiones son la filosofía, la poesía y la danza; y en este ensayo trato de plasmar el vínculo que existe entre mi pueblo, la filosofía y el arte. En mi pueblo y en su historia se hallan de forma viva ideales de grandes filósofos, la danza del océano y la poesía de la vida.

Mi máxima felicidad reside en detenerme a escuchar el sonido de la mar e incluso me atrevo a afirmar que el océano Atlántico es la primera maravilla de mi mundo. Una de mis aficiones favoritas es sentarme en el mirador a contemplar las idas y venidas de la marea, el oleaje y su armonioso caos, la bonanza y su incesante tranquilidad. Otra de mis aficiones favoritas es caminar entre los riscos del barranco y sentarme en alguna piedra grande a contemplar el pueblo desde arriba. Aceptar la invitación a reflexionar e imaginar que me hace el horizonte mientras respiro salitre es mi mayor tesoro.

El Pris es un barrio de pescadores artesanales y, como sabemos, es prácticamente imposible desvincular a un individuo de su entorno y de su cultura. La mar, la pesca y el litoral costero son parte de mi ser, de mi existir, de mi estar en el mundo, y han sido siempre mis mayores maestros. Por ello, considero que merecen una alabanza mediante mis palabras. Mis padres me han inculcado el amor a la pesca y el respeto a la mar, por lo que mi único propósito con este libro es visibilizar la vida de un pueblo pescador y transmitir la cultura y la cotidianidad de sus gentes, así como nuestra dura y continua lucha por la subsistencia.

Dar a conocer la resistencia histórica del sector pesquero artesanal de esta costa de la isla de Tenerife es avivar la historia. La historia de un sector de la población canaria y de una tradición isleña que se va ahogando en el olvido, pero que aún estamos a tiempo de conservar y, por supuesto, homenajear.

Este ensayo es, en términos generales, una alabanza a todas las personas que viven en la mar y de la mar, y, en términos particulares, una alabanza a mi pueblo, a mi familia y a la pesca artesanal de bajura gracias a la cual me han alimentado y estoy aquí presente. Mis palabras van dedicadas a todas aquellas personas que, como yo, tienen corazón de salitre.

Poemas

MIS RAÍCES

Me llamo Cathaysa, la niña guanche,
como canta Pedro Guerra.
Crecí entre salitre atlántica y lava volcánica.
Mis antepasados hicieron de un risco un hogar,
y de la mar, su despensa natural.

En mi pueblo se vive acorde a las fases lunares
y a las mareas.
El agua salada siempre se evapora,
pero en los charcos queda la sal
con la que marinamos nuestra comida.

Si me preguntasen dónde me gustaría volver a nacer,
elegiría sin duda este pueblo
de entre todas las partes del mundo.

Aquí aprendí que la ciencia es solo un método
y que sobrevivir depende más de la paciencia y del ingenio
que de los medios.

MI AMOR, MI MAR

Mirarte es paz.
Mi amor, mi mar.
Mirarte es dulzura con sabor a sal.

Mirarte a solas, sin ton ni son, sin más.
Mirarte es fortuna; no me sostengo si no estás.
Mi amor, mi mar.

¿Hacia dónde navegan los sentimientos?
Tu azul, tus olas, tu horizonte, mi felicidad.
Mirarte me enseña cuánto soy capaz de amar.

1. El litoral, la pesca y el pescador

Nos llamamos El Pris y estamos situados en el municipio de Tacoronte, en la zona noreste de la isla de Tenerife, en Canarias (España).

Encontramos pocos datos históricos sobre el nombre de este pueblo, aunque la versión más extendida según los estudiosos es que el término «pris» deriva del término «porís», que significa 'embarcadero' o 'pequeño puerto natural'. Lo que se contaba antiguamente aquí debajo, en las mesas por fuera de la ventita de Gonzalo, es que la palabra *pris* tiene su origen en el término que usaban en este lugar los extranjeros portugueses cuando fondeaban y amarraban los barcos en la puntilla del risco del varadero. Además, el término «proís» significa 'cabo que se amarra en tierra para asegurar una embarcación o cosa en tierra a la que se amarra una embarcación'. Un par de kilómetros por encima de nosotros, se encuentra una parte del municipio denominado Puerto de la Madera, por lo que podemos deducir que, desde la antigüedad, esta costa fue utilizada para descargar mercancías.

Nuestro Pris es una pequeña costa de riscos y acantilados volcánicos, una costa de callaos y arena, de sol y sal, de amaneceres de ensueño y atardeceres de postal. Es el pueblo de los platitos de camarones y lapas asadas frente al Garajao en el Bar El Pescador. Una costa de bonanzas y sonrisas en La Caleta, un pueblo que celebra con fuegos artificiales acuáticos las Fiestas de la Virgen del Carmen en honor a los pescadores y pescadoras. Pero también es una costa de fuertes marejadas en el varadero durante los meses de invierno y de angustias cuando está *reventando el Pris*. Somos una costa con la preocupación de llegar a fin de mes, una costa en lucha constante por sobrevivir y subsistir.

Un pueblo que nunca duerme, que siempre está mirando el fondo, que siempre está mirando el horizonte, que siempre está contemplando nuestra mar. El Pris es un claro reflejo de la resistencia de un sector mutilado en Canarias: el sector de la pesca artesanal de bajura, y de una cultura invisibilizada, pero que ha sido imposible silenciar. El Pris es un claro reflejo de una tradición isleña que va cayendo en el olvido y el abandono, pero que no se rinde ante la búsqueda de un porvenir y un futuro mejor.

El Pris fue poblado por pescadores de Punta del Hidalgo, otro litoral pesquero también de la zona noreste de la isla. Estos pescadores iban buscando refugios naturales para sus barcos y mejores condiciones para la pesca, y se instalaron en El Pris. Primero, habitaron las cuevas del litoral de forma temporal y, poco a poco, fueron acondicionando las cuevas como viviendas en los acantilados. Después construyeron sus casas sobre los riscos y, lentamente, se fue forjando la vida entorno a la pesca, y entorno a la vida pesquera se fue conformando el pueblo hasta nuestros días.

Sin la pesca no existirían estos pueblos, en el sentido cultural, como hoy se encuentran. Un pueblo no nace pescador, sino que son los propios pescadores los que han venido convirtiendo las costas de estas islas en hogares debido a la búsqueda de refugios donde poder luchar contra el hambre y subsistir a lo largo de la historia de Canarias.

Para nosotros, la pesca no es solo una profesión, es nuestra manera de ser y estar en el mundo, es una cultura, unos hábitos, unas costumbres, una filosofía de vida. Pescar puede parecer tan simple como subirse en un barco y echar una nasa al fondo, pero puede llegar a ser tan complejo como saber lidiar con la incertidumbre. Pescar puede parecer tan simple como colocar la carnada en las artes de pesca, pero puede llegar a ser tan complejo como saber vivir con la esperanza en proa y arrojar los miedos por la banda. La pesca no es un deporte, es una forma de vida. No es una afición, es nuestra forma de vida. Una cultura asociada a la convivencia con la mar, al conocimiento de las aguas litorales, de los fondos, de las especies y de sus temporadas. La pesca implica un conocimiento de la naturaleza submarina en general de la isla, que se ha ido manteniendo generación tras generación a pesar de las dificultades de la naturaleza y las dificultades socioeconómicas junto con los inconvenientes y las contradicciones políticas.

En El Pris, pescar no es que sea simplemente lo más importante de nuestra vida, que también, sino que es lo único que tenemos para sobrevivir. Y lo único a lo que han querido dedicarse nuestras familias y sus antepasados. Incluso hoy en día, a pesar de la globalización y el desarrollo de la industria, se mantienen las prácticas y las técnicas pesqueras totalmente artesanales tal y como antiguamente. Y se mantienen vivos los secretos de la pesca, que se han ido transmitiendo de familia en familia.

Afortunadamente, todos los niños y niñas que hemos crecido en El Pris hemos aprendido que en las nasas se cogen salemas, sargos y gallos con pan duro, papas pasadas y arenques; y, además, sabemos que los meros espantan a los demás peces. Hemos aprendido que las morenas se pescan con tambores llenos de callaos y bogas escachadas. Y sabemos que si el fondo es de arena, puede haber mantas y rayas. Todos los niños y niñas de El Pris hemos aprendido a coger cangrejos *pa* pescar viejas echando vinagre en las cuevitas de los riscos, porque los cangrejos son la comida favorita de las viejas, y sabemos también que las potas son como una golosina para muchas especies marinas.

Afortunadamente, todos los niños y niñas de El Pris sabemos que por la Angostura se encallan los barcos y hemos aprendido a pescar lisas con bolsas de plástico en los charquitos y en la piscina. También aprendimos a pescar fulas y pejes verdes *pa* freír en El Frontón con pasta hecha de leche, mantequilla y harina. Hemos aprendido que no es lo mismo un erizo que una ericera, que los erizos son los nuestros y se comen, tienen un sabor fuerte a mar y una textura gelatinosa; mientras que las ericeras son una especie invasora que no se puede comer. Además, cuando nos clavamos un pico de erizo cogiendo lapas, sabemos que tenemos que esperar a que llene la mar *pa* sacarlo con la aguja, porque con la marea baja no sale.

Afortunadamente, los niños y niñas que hemos crecido en El Pris sabemos que es peligroso coger pulpos a bichero. Sabemos que los cangrejos negros no se comen y que si echan espuma por la boca es que la mar se va a virar. Los que hemos crecido en El Pris hemos aprendido que si hay caminos blancos en la mar, viene agua. Hemos aprendido que si hay una franja de bruma horizontal en las faldas de papá Teide, significa que hay viento de noreste, conocido como *viento a la cabeza*. Y sabemos que si vemos la Palma clara en el horizonte, es que viene mar de leva o que va a llover.

La belleza de la pesca artesanal es que mantiene «una técnica amiga de la naturaleza», como diría Martin Heidegger. Aún en el año 2021, cada pescador elabora manualmente cada arte de pesca que utiliza y se respeta la temporada de reproducción de las especies, así como las tallas mínimas de las capturas por parte de los pescadores profesionales. Vivimos de lo que ofrece la naturaleza y si destrozamos su ciclo sería «pan *pa* hoy y hambre *pa* mañana», por lo que no nos conviene actuar de forma enemiga con la mar.

La pesca es un arte y, como quien es artista, así es un pescador. Interpretar y comprender la mar es un arte en el sentido antiguo del término, en el que se sitúa la destreza necesaria para desarrollar algo por encima del producto final, como consideraban los griegos y los romanos. Para dedicarse a esta profesión, además de la destreza, hay que sentir mucha pasión.

Los pescadores se enfrentan a la posibilidad de la muerte en la mar, se enfrentan a la oscuridad de la noche, a la soledad y al fracaso. No todos estamos capacitados para ello; por eso, como quien es artista, así es un pescador. Porque se necesitan ciertas características en el alma para asumir estos riesgos y cierto grado de locura para encontrar pasión en esta práctica.

El pescador desarrolla la destreza de anticiparse a la marea para evitar la muerte. Esta destreza consiste en mantener el alma firme; la mente flexible; la guardia siempre alta; el equilibrio exacto entre el riesgo y la expectación. Para hacerse a la mar se debe tener un corazón resistente a la continua tensión y la respiración continuadamente en calma. El pescador conoce el término medio entre las contradicciones humanas y actúa bajo el grado exacto de instinto de supervivencia necesario para que este sea beneficioso y no bogue a su contra. En la mar, la respuesta fisiológica de lo que en tierra nos permite sobrevivir es lo que nos ahoga. Si en tierra nuestra respuesta es salir corriendo, en la mar hay que hacer «el cristo» y guardar la calma. Si en tierra nuestra respuesta es alzar la voz, en la mar hay que guardar silencio y ahorrar oxígeno. No existen los puntos de apoyo en la mar y la supervivencia en este entorno se basa en el desarrollo de la racionalidad por encima de nuestros instintos humanos. Una de las cosas más importantes que he ido aprendiendo desde que nos bañábamos a escondidas en el chorro es a mantener la calma internamente a pesar de estar envuelta en olas, riesgo e incertidumbre; a mantener la seguridad y la confianza en mi interior a pesar de estar bañada en miedo, peligro y tensión. Calmar la mente, ignorar el dolor, el frío, el hambre y la sed son las técnicas de supervivencia en la mar desde Ulises hasta nuestros días.

Las pescadoras también son unas artistas y desarrollan destrezas que solo ellas conocen esperando a sus maridos, hermanos y padres en el varadero, cuidando a sus hijos y cogiendo agua y mujo *pa* preparar la venta. Las pescadoras son las portadoras oficiales de fe y esperanza con sus cestas en las cabezas llenas de pescado, y también son unas artistas pregonando y arreglando pescado en rutas kilométricas que antiguamente incluso hacían caminando. Hace unos años atrás, aproximadamente diecisiete o veinte años, el punto de venta era la estación en Tacoronte. Entonces llegaban las pescadoras con el pescado fresco a la esquina de El Dedal de Oro y pregonaban hasta que la gente se acercaba a comprar el pescado. El pregón es una herramienta que se ha ido perdiendo en los últimos años, ya que la venta se ha focalizado en el reparto y se ha centralizado en algunos puntos, como por ejemplo en el

Mercadillo del Agricultor, porque, entre otras razones, la venta en ruta está catalogada como ilegal en nuestro municipio desde hace unos años. Hubo una época, cuando yo era pequeña, en la que el pregón y la venta en la calle con las cestas llenas de pescado y mujo para mantenerlo fresco fue lo cotidiano entre las pescadoras por Tacoronte. De hecho, las pescadoras eran famosas en el municipio por su pregón. Recuerdo que cuando empezaban las clases en el colegio de Guayonge, muchos compañeros de la escuela me preguntaban si mi madre pregonaba y yo muy orgullosa decía que sí. Me preguntaban cómo se hacía, y entonces yo me colocaba como una pizpireta de pie encima de mi silla, con las dos manos firmes alrededor de la boca y gritaba con fuerza y melodía: «¡Aaaa las vieeejas, aaaa las vieeejas, aaaa las viejaaaaas!». Y luego todos los niños y yo nos reíamos sin parar. El pregón era prácticamente nuestro despertador los fines de semana y tenemos la melodía configurada en la memoria. Sabemos hacerlo porque lo recordamos perfectamente aunque ya no se escuche a diario retumbando en El Pris la voz de Marife, ni la de Mari, ni la de Cristi, ni la de Tere, ni la de Ani, ni la de Marina.

Las pescadoras son unas artistas porque además del pregón y la venta de pescado, también hubo y hay en la actualidad algunas mujeres que salen a faenar acompañando a sus maridos durante la noche en la mar. Ellas también cosen nasas, quitan el mujo de la salemera, varan los barcos, conocen la marea y son las que avisan desde tierra a los hombres cuando empieza a *reventar el Pris*. Ellas también luchan contra la incertidumbre y bogan por la subsistencia del sector. De hecho, en el año 2007 se le hizo un homenaje a la mujer pescadora en el municipio y el Ayuntamiento colocó una estatua de una mujer pescadora con la cesta en la cabeza en la bajada principal, en representación del papel y la labor tan importante que desempeñan las pescadoras en la vida pesquera.

Los pescadores y pescadoras son héroes y heroínas porque vencen batallas que solo ellos y ellas conocen. La lucha contra la marea es solo una parte, también tienen que luchar contra los miedos y las angustias para alimentarse y alimentar a sus familias, y realizar todo tipo de trucos durante el invierno para llegar a fin de mes. Los pescadores y pescadoras suelen lucir habitualmente rostros cansados o decaídos y empapados de salitre mientras esperan la bonanza, y suelen tener las manos agrietadas y encallecidas. Pero en los pescadores y pescadoras la esperanza es tan grande como el océano y son personas de esas que no suelen rendirse. Son personas que conocen la paciencia y la perseverancia, y su día a día está basado en la humildad. No hay demasiado lugar para los excesos o derroches, porque en la pesca se depende de lo que ofrezca la naturaleza, la suerte durante la pesca y la venta del pescado. Aquí solemos vivir como las hormigas, trabajando duro en el verano para sobrevivir en el invierno, debido a las características de la mar durante los meses de invierno y a las condiciones de nuestro embarcadero, que no permiten el desarrollo de la actividad de forma progresiva a lo largo del año.

2. El mirador, la cofradía y el varadero

Una característica de El Pris es que, arquitectónicamente hablando, todo parece bastante orgánico. Parece ser que los antiguos pobladores y pescadores de este barrio supieron vincular la satisfacción de las necesidades de su actividad pesquera con la geografía y la orografía del litoral costero.

A simple vista, desde el mirador se puede ver El Rincón, donde siempre hay gente pescando a caña con toda la calma y la paciencia del agosto. También se ve La Laja grande, donde la gente se baña y hace tenderetes durante el verano, y La Laja chica, donde los jóvenes cogen olas a contrapico con bastante cuidado, porque a veces tienen arena, pero a veces solo callaos. Antes se formaban tongas y tongas de mujo con las que jugábamos a hacer murallas y a saltarlas, pero de ese mujo ya casi no queda; era el mismo mujo que usaban nuestras madres y abuelas en las cestas de pescado. También se puede ver nuestra piscina natural llena de gente si te alongas en verano. La piscina queda protegida por el Garajao durante la primavera y el otoño. En el invierno no hay quien se salve, ni quien la salve, y la piscina se queda vacía de gente y llena de olas y espuma. A la izquierda de la piscina y el Garajao, está la Hurraca, otro risco grandísimo de pura lava negra volcánica que, además de ser el risco en el que se sube Chago Melián a cantar el Ave María en la embarcación de la Virgen del Carmen en la fiesta de El Pris, es el risco que protege a la Cofradía de Pescadores del fuerte oleaje del invierno. Sin embargo, a veces hay olas tan grandes y el océano tiene tanta

tanta fuerza que con la protección natural de los riscos no ha sido suficiente y la mar se ha llevado escaleras, muros y bancos por delante a su paso, inundando la Moncloa, la azotea de la Cofradía y la avenida de los bares.

La Cofradía de Pescadores está situada en el punto medio entre la vida pesquera y la vida costera. La vida pesquera es nuestra forma de vida en torno a la pesca, y la vida costera es la vida que generan el resto de personas que frecuentan El Pris para disfrutar de la costa, especialmente en verano. Es un orgullo que se vea la Cofradía desde el mirador, porque la Cofradía representa nuestra existencia como pueblo pescador, nuestra identidad como barrio pesquero. Una persona que no conozca El Pris y observe desde el mirador el rótulo de la Cofradía, automáticamente puede conocer que hay población pesquera y que puede comprar pescado fresco o consumirlo en los restaurantes. Una persona que no conozca el municipio y lo teclee en Google, encontrando una foto de la Cofradía de Pescadores, puede averiguar que existe una parte del municipio cuya población se dedica a la pesca y que el pescado fresco es producto municipal.

La Cofradía de Pescadores es nuestra voz, la representación institucional de nuestra identidad cultural y el símbolo de nuestra independencia, porque durante muchos años no tuvimos cofradía de pescadores en El Pris y la satisfacción de las necesidades de la vida de los pescadores estaba vinculada a la Cofradía de Pescadores de Punta del Hidalgo, que por su situación geográfica pertenece a otro municipio, el municipio de San Cristóbal de La Laguna. Así que durante muchos años estuvimos sin representación directa tanto en nuestro municipio como a nivel insular y regional, siendo prácticamente imposible comunicar nuestras necesidades como población pesquera y que estas fueran cubiertas por el Ayuntamiento, la Consejería de Pesca o por alguna otra institución marítimo-pesquera.

La implantación y construcción de una cofradía de pescadores en El Pris ha sido un suceso de lo más importante para nosotros, porque durante muchos años fuimos un pueblo con alma viva, pero sin voz ni voto. La Cofradía ha supuesto el logro del reconocimiento de nuestra independencia y el triunfo del reconocimiento de nuestra identidad.

Desde el mirador de El Pris se puede observar casi por completo nuestro litoral, y digo casi por completo porque se pueden observar las partes más armónicas que nombré antes, las partes del pueblo vinculadas a la vida costera. Pero no se ve desde el mirador la parte que ha dado origen al pueblo, la parte principal de la vida pesquera, la más importante del litoral para nosotros, sus habitantes, los pescadores y pescadoras: el varadero. Donde comienza y termina la pesca, donde comienza y termina nuestra vida, donde los priseros pasamos la mayor parte del tiempo, tanto de día como de noche.

El varadero, culturalmente hablando, es el pilar del pueblo, donde se acaba el paraíso costero de verano y empieza la odisea de los pescadores en los inviernos. Todos los pescadores de El Pris son Ulises tratando de regresar a Ítaca, porque el océano Atlántico en las zonas del norte de esta isla durante el invierno son literalmente un infierno, y lo infernal se multiplica en una costa con falta de acondicionamiento y escasos recursos, como ha venido siendo El Pris a lo largo de su historia y, especialmente, durante los últimos cincuenta años aproximadamente hasta prácticamente nuestros días.

El varadero es el alma del barrio, donde están todos los barcos y todas las cosas interesantes; donde están siempre todos los pescadores y pescadoras trabajando; donde todos nos encontramos con nuestras familias y donde se forman familias nuevas; donde se vende el pescado, y donde todos nos arrullamos con las olas en la rampa. El varadero es la zona donde se producen las alegrías y las angustias, donde comienza la vida del pueblo y donde por momentos parece que se nos acaba. Es la zona de lucha del barrio, nuestro campo de batalla, de una lucha literalmente histórica en pro de la vida para sustentarse y sustentarnos a nosotros las nuevas generaciones. El varadero de El Pris tiene toda una vida de odiseas cotidianas y, además, ha librado batallas importantes en el ámbito de la política, especialmente en la lucha contra el emisario y la demanda histórica de un refugio pesquero.

Orográficamente hablando, el varadero es una rampa por donde los pescadores varaban antiguamente los barcos; bueno, realmente tampoco tan antiguamente, hasta hace quizá diecisiete o veinte años. Primero varaban los barcos a mano jalando por la proa y empujando por la popa entre todos los hombres y mujeres; después pudieron sumar la ayuda del guinche. De pequeña, durante el verano iba cada día al varadero y claramente aún me acuerdo de que, al entrar, la gente gritaba: «¡Cuidado, el cable del guinche!», y teníamos que saltarlo. Yo saltaba el cable del guinche decidida siempre a esperar a mi padre con mi madre. Recuerdo que todos los niños nos peleábamos por darle al botón del guinche y esperábamos a la hora de la siesta, en la que los barqueros descansaban *pa* ir a jugar con los botones, *pa* escondernos en la máquina, y nos llenábamos de herrumbre sin querer. En estos momentos de nuestra historia, ya apenas se utiliza el guinche y apenas se utiliza la rampa *pa* varar los barcos desde que instalaron la grúa, pero generalmente nosotros seguimos diciendo «varar el barco», porque es lo que se ha venido haciendo toda la vida.

En el varadero está el risco más importante de todos los que hay en El Pris, el que le da nombre al pueblo o al que el pueblo le dio el nombre, no lo sé; quizá el nombre del risco se corresponda con la segunda acepción del término «proís», porque ese risco también se llama Pris. Lo más importante es que ese risco, el Pris, es la única protección natural que han tenido los pescadores de esta costa durante el fuerte oleaje del Atlántico norte en los inviernos.

El Pris fue refugio y ha sido siempre una guía para los pescadores. Si está *reventando el Pris*, no se puede salir a pescar, y si no está reventando mucho el Pris, se puede salir a pescar, pero no muy lejos de tierra por si acaso se vira la mar. Ese risco ha sido la única defensa que tienen los pescadores de El Pris contra la rotura de las olas, la única protección frente a la rotura de las embarcaciones contra los riscos cuando está la mar de leva, la única defensa que tenemos en este pueblo de nuestras vidas.

Durante mucho tiempo, ese risco, el Pris, fue más grande de lo que es ahora y protegía muchísimo más el varadero de lo que puede protegerlo ahora, pudiéndose formar gracias a su presencia una ligera bonanza en tierra, la justa y necesaria *pa* poder varar los barcos con mayor tranquilidad y facilidad. El Pris era un rompeolas natural que desviaba el oleaje y la marejada, permitiendo a los pescadores varar y botar los barcos con mayor tranquilidad y seguridad.

Como pueblo, El Pris vivió la gran desgracia de la destrucción de una parte del risco hace un par de décadas en un intento fallido de mejora y acondicionamiento de la rampa y el contorno del varadero. Se cortó por error la puntilla del risco durante las obras. Un error que destrozó el curso natural de la vida de El Pris y de los pescadores. La antigua convivencia entre los riscos, la mar y los pescadores se vio interrumpida y afectada hasta tal punto que, a día de hoy, nuestra única solución es la construcción de un refugio pesquero que sustituya la función del risco Pris, porque a pesar de que se acondicionó una explanada donde colocar los barcos y se instaló la grúa para, en teoría, facilitar la botada y varada de las embarcaciones, al cortar la mitad de este risco, las olas no encuentran freno alguno a su paso, quedando los pescadores y los barcos totalmente indefensos y desprotegidos del oleaje. En estas condiciones, amarrar el barco al cable de la grúa es también un riesgo, una batalla, una odisea.

En mi mente perdura y perdurará uno de esos días en los que iba con mi madre a esperar a que mi padre entrara de la mar al varadero y justamente estaba *reventando el Pris*. Había mucha corriente, muchas olas y mucha espuma. Mi padre y su compañero no podían varar el barco. Ante la desesperación, mi tío se tiró al agua *pa* intentar aguantar el barco. Toda la gente miraba con ojos de alarma. Los barqueros estaban mirando la mar, esperando poder dar el jacío, y otros estaban en el guinche o al principio de la rampa esperando preparados el momento exacto para actuar. Las barqueras miraban *pa* mi madre y *pa* mí con las manos encogidas o en la cabeza, y con caras de susto y miedo. Miré a mi madre. Ella también tenía las manos encogidas, también tenía miedo, y susurraba entre lágrimas: «¡Ay, mi hermano y mi marido!». Yo era pequeña, pero era consciente, entendía lo que pasaba y pensaba que no volvería a ver más a mi padre, ni a mi tío, ni a mi barco.

Hemos tenido muchos miedos: miedo al destrozo del barco, miedo a un accidente y miedo a la muerte. El miedo de ver a nuestros padres, familiares y vecinos luchando contra la mar ha causado un impacto enorme y nos ha hecho saber con total seguridad y clara evidencia la insuficiencia del risco después del corte, la inutilidad de la grúa sin refugio pesquero que paralice la fuerza de la mar, y la ineficacia del jacío a pesar de que fue una estrategia eficaz durante muchos años *pa* varar los barcos en este pueblo. En el jacío, varios pescadores se colocaban de pie en el risco de detrás o de encima del varadero y observaban la marea y el flujo de las series de olas; justo en el momento entre una serie de olas y la siguiente serie, se daba el aviso *pa* varar el barco. Ahora es ineficaz porque no hay risco que separe el reflujo que queda entre una serie de olas y las siguientes series de la zona donde los pescadores tienen que enganchar el barco a la grúa.

Los políticos, los ingenieros y los arquitectos supieron de inmediato el desastre del error del corte y realmente ofrecieron en su momento realizar otra obra para sustituir por cemento la parte del risco que se cortó. Pero los pescadores no podían permitirse el lujo de volver a interrumpir su trabajo para volver a hacer una obra en el varadero, dado que no tenemos otro lugar *pa* botar los barcos al agua ni *pa* vararlos. La primera obra fue bastante duradera, casi un año. Casi un año de lucha para poder traer pescado a la mesa y para poder tener ingresos, dado que la segunda propuesta de volver a interrumpir la actividad pesquera para acondicionar nuevamente el risco del varadero tras casi un año sin poder faenar resultaba inviable. En el momento en el que se propuso la nueva obra de acondicionamiento, se formó un fuerte revuelo y una evidente oposición por parte del sector; no podíamos volver a pararnos, así que este segundo proyecto se paralizó por un tiempo.

Los pescadores, a pesar de que se quedaron en el varadero sin la mitad del risco, prefirieron jugarse la vida día a día y salir a pescar que quedarse en tierra esperando la finalización de este segundo proyecto. Realmente, no lo prefirieron, pero tenían que asumir el riesgo por sus familias. No era una cuestión de preferencias, sino de necesidades, porque nunca hubo una comprensión socioeconómica de la situación del sector y las obras implicaban una parálisis de la actividad económica y alimenticia sin alternativas a la fuente de ingresos familiares. Después de pasar un año en estas circunstancias, se pretendía que la población de El Pris continuara así hasta finalizar este segundo nuevo proyecto.

Se asumió el riesgo antes que otra paralización de la actividad, dado que la situación económica era ya insostenible. Y así fueron pasando los años y los daños, hasta que en el año 2001 se volvió a intentar solucionar el problema del corte del risco, diseñándose un nuevo proyecto para ello, con la gran diferencia de que el grupo político gobernante en el municipio en dicho momento pretendía solucionar dos problemas municipales en una sola obra que acabaría con el sector y con la actividad pesquera en El Pris. Por un lado, el problema de nuestro barrio y, por otro lado, el problema municipal del saneamiento de aguas fecales, cuya intención era verter estas aguas negras al mar por la costa de El Pris. Pretendían intercalar, desgraciadamente, en este nuevo proyecto de la construcción de un pequeño refugio pesquero, la construcción de tuberías submarinas para el vertido de aguas fecales sin depurar del municipio de Tacoronte al mar.

3. La odisea del emisario

Si en el primer intento de mejora de la rampa de varada se cometió un error accidentalmente en la obra y en la segunda propuesta para remediar el accidente no se tuvo en consideración una alternativa económica para nuestras familias, originando una paralización de la propuesta, en este tercer intento se iba a cometer una gran injusticia a conciencia. Si después del error en el primer intento de mejora de las condiciones pesqueras de El Pris el sector había sufrido una gran mutilación y en el segundo intento se había cometido una marginalización socioeconómica indirecta, ahora pareciera que se iba a proceder a su exterminio a conciencia. Como consecuencia, se generó de forma inmediata una situación de protesta contra las pretensiones políticas en el barrio y se abrió un frente de batalla entre mi pueblo y el Ayuntamiento, originándose, incluso, una guerrilla violenta entre los pescadores y las pescadoras y las fuerzas de la Guardia Civil.

El Pris no ha tenido una vida estable ni fácil desde sus orígenes en la antigüedad, pero recuerdo la lucha contra la pretensión de instalar el emisario como el fin del mundo. Y es que, verdaderamente, suponía el fin de nuestro mundo. Los pescadores sabían que después de este proyecto su destino sería ya irreversible, así que el pueblo se puso en pie en el momento de las decisiones, de las contradicciones y de las discusiones para defenderse frente a las pretensiones de los organismos políticos.

Todos los debates en el varadero trataban los mismos asuntos y las mismas cuestiones: «¿Olvidarnos del mar? ¿Y qué vamos a hacer? No tenemos otras opciones distintas a la pesca *pa* ganarnos la vida. Somos pescadores. El Pris ha sido siempre un pueblo pescador. Nacimos en la mar. Está en juego nuestra supervivencia y la de nuestros hijos. Jamás abandonaremos los barcos». Las miradas se focalizaban una y otra vez en la mar para acabar preguntándose por qué, sin obtener respuestas.

Ningún pescador estaba preparado para decidir entre el deseo de mantenerse firme y fiel a la tradición pesquera o el rechazo a la mar para buscar otros medios de subsistencia, otra forma de vida. A mi padre le llamaban loco porque se aferraba a su barco y a la ilusión de que el varadero y El Pris volvieran a ser como antes, como cuando él llegó allí por primera vez y se encontró con un barrio lleno de pescadores en armonía.

La lucha por la paralización de estas obras se abrió en primer lugar de forma violenta y, después, de forma diplomática. Tras la batalla con la policía, en la que la violencia, el uso de la fuerza y el abuso de poder fueron los métodos de actuación y en la que muchos vecinos se vieron gravemente afectados y heridos, se abrió la lucha mediante la vía judicial. Se constituyó la Asociación de Vecinos El Sargo, se solicitaron los permisos correspondientes para manifestarnos y se inició una recogida de firmas en apoyo a la paralización de estas obras. Uno de esos días, llegó una carta anónima a mi casa dirigida a la ciudadanía porque mi padre fue quien solicitó el permiso de la manifestación en la que se explicaba con todo detalle toda la problemática:

**Carta abierta al pueblo de Tenerife:
un emisario en El Pris.**

Si entre todos no lo remediamos, en la costa de Tacoronte se va a cometer el más grave atentado ecológico en la historia del norte de Tenerife. Al barrio marinero y pescador de El Pris, hasta ahora conocido por su pescado fresco y su entorno natural, los responsables municipales quieren lanzarlo a la fama por un emisario, donde el municipio de Tacoronte y parte de El Sauzal verterían sus aguas fecales sin depurar. Nos quieren hacer creer que es muy urgente la instalación de un emisario para resolver el problema de saneamiento del pequeño barrio de El Pris, cuando todos sabemos que solo con enviar regularmente un camión-cuba que vaciase el pozo absorbente situado junto a la Cofradía de Pescadores es suficiente, cosa que en la actualidad no hacen, tratando de justificar la instalación del emisario. La verdad hay que decirla: Tacoronte, antigua ciudad-campo, actual y futura ciudad-dormitorio, no sabe qué hacer con las aguas fecales de sus habitantes más los 2000 nuevos pisos, apartamentos y adosados que están conectando su alcantarillado, lo cual desborda los pozos excavados en los cursos de los barrancos por donde en la actualidad fluyen las aguas negras.

Tacoronte, ciudad que aspira, según sus actuales mandatarios, a un crecimiento que rondaría los 60 000 habitantes, NO TIENE DEPURADORA y depende de la que se encuentra en Valle de Guerra, que está al límite de su capacidad, donde además todos recordamos cuando sus responsables declaraban a la prensa (ver hemeroteca) que las aguas residuales de Tacoronte impedían el proceso de depuración por la alta conductividad-salinidad, debido a la baja calidad del agua de consumo y el vertido de determinadas industrias. Lamentablemente, los responsables políticos y técnicos del Ayuntamiento de Tacoronte, Cabildo Insular y Consejería de Política Territorial y Medio Ambiente nos ofrecen como única opción la instalación de un tubo de vertido de aguas fecales SIN DEPURAR. No importan los metros, como dicen nuestros viejos y sabios pescadores, la mar de fondo se encargará de reducirla, véase si no diversas obras marítimas del norte de Tenerife. Este tubo partiría —casualmente— por el mejor acceso posible para la empresa encargada de su construcción, que lo uniría a otro que llega desde Tacoronte hasta el aparcamiento de El Pris por la carretera, donde pueden observar las tapas de registro de las arquetas —lo cual descarta la elevación—.

Dejemos para los biólogos las explicaciones de cómo toneladas de detergente cargados de carbonatos y productos cáusticos, entre otros, destruyen la gran variedad de algas que son básicas para la alimentación del pescado en la vertiente norte de la isla. ¿Ustedes no creen que en lugar de enviar a las fuerzas antidisturbios contra un pueblo cargado de razón, gobierno municipal y oposición deberían gestionar los fondos necesarios para uno de los siguientes fines?:

1. Ampliar y dotar de las últimas tecnologías a la depuradora de Valle de Guerra, que ya tiene emisario, contribuyendo a su mantenimiento, donde las aguas de El Pris llegarían por una estación de bombeo duplicada, si se cree necesario, y con la alternativa del camión-cuba en caso de avería.

2. La construcción de una depuradora propia en terrenos no poblados como la costa de Tagoro Bajo, dotada de campanas de gases, tratamiento de lodos, plantas de ósmosis y elevación de aguas aptas para el riego de nuevos cultivos de viña en zonas bajas del municipio y plataneras de Valle de Guerra y Tejina. En este caso, las aguas de El Pris llegarían apenas sin elevación por la zona de El Rincón-Punta del Viento.

Por último, pedimos un esfuerzo a las instituciones implicadas para el estudio de estas propuestas, al tiempo que rechazamos totalmente la ubicación del emisario y las declaraciones a la prensa del alcalde accidental (concejal de Urbanismo), quien hacía referencia a la «mierda» que, junto a sus compañeros de corporación y el Consejo Insular de Aguas, pretenden esconder bajo la alfombra del mar.

El Pris, 3 de septiembre de 2001.

Mediante este manifiesto, se pretendía visibilizar y dar a conocer a la población los porqués de la situación que estaba aconteciendo en el barrio y en el municipio para que la gente pudiera comprender la gravedad y la importancia de esta lucha, incitando al apoyo ciudadano en la paralización de las obras. Desconozco el autor o la autora de este manifiesto, y dondequiera que esté, tengo que decirle que El Pris, aún a día de hoy, se siente enormemente agradecido. La manifestación fue todo un éxito y acudió muchísima más gente de la que se esperaba en apoyo al sector y al ecosistema. Tacoronte era un mar de voces gritando y exigiendo a las autoridades políticas la paralización de estas obras, por toda la carretera y por fuera del Ayuntamiento.

La hoja de recogida de firmas se encabezaba también con un texto que resumía y explicaba muy bien la situación:

En la ciudad de Tacoronte, a 28 de agosto de 2001, se ha enviado a la fuerza de la Guardia Civil contra los habitantes del barrio de El Pris (niños, ancianos y demás personas) sin previo aviso alguno, para descargar e instalar un contenedor con el anagrama del Excmo. Cabildo Insular de Tenerife, el cual contenía instrumental y material destinado a acometer las obras para la instalación de un emisario de aguas negras en el centro de dicho barrio, al lado de la Cofradía de Pescadores y de su única playa, perjudicando la pesca, que es el único medio de vida que sostiene a dichos habitantes, al tiempo que la salud medio ambiental de sus vecinos y visitantes, contraviniendo ello lo ordenado por la Comunidad Europea sobre los vertidos de aguas fecales al mar. Las autoridades competentes no se avienen a otras propuestas ni posibilidades ofrecidas en diversas reuniones, promoviendo como única alternativa por parte del Ayuntamiento y Cabildo Insular utilizar la fuerza de la Guardia Civil para que cargaran desproporcionadamente contra las personas que, pacíficamente, defendían sus intereses laborales y de supervivencia, produciendo ello una actuación contra los derechos humanos. Estando en un Estado de derecho y no en una dictadura, donde democráticamente se puede llegar a un acuerdo y buen entendimiento, ofrecido por los habitantes de dicho barrio para la solución de este problema, los abajo firmantes y en hojas adjuntas denuncian los hechos anteriormente descritos ante los órganos del Estado, autoridades judiciales, Gobierno de Canarias, Defensor del Pueblo, prensa y opinión pública, señalando su identidad con el número del DNI, para que dicha actuación sea corregida por vías pacíficas y no por la fuerza.

Las descripciones de los dos textos eran muy detalladas y facilitaban la divulgación de las circunstancias, para que las personas comprendieran fácilmente y empatizaran con la situación. Se obtuvo un gran apoyo ciudadano mediante el que se consiguió el efecto justo y necesario para la paralización de las obras. Agradezco personalmente con todo mi corazón a todas aquellas personas que, de una manera u otra, aportaron su granito de arena a nuestra causa. Sin todas esas personas, asociaciones y organismos, nuestra lucha no hubiera podido efectuarse con el peso suficiente y nuestro destino ahora mismo sería totalmente diferente. Nuestra vida hubiera cambiado radicalmente y a día de hoy no seríamos lo que somos, un barrio marinero-pescador.

La lucha diplomática ganó la batalla y el Ayuntamiento retiró las máquinas y los materiales de obra de la explanada de El Pris. Afortunadamente, el asunto del emisario quedó en tan solo el eterno recuerdo de una batalla campal por la supervivencia.

Con la paralización de la obra del emisario, se paralizó a su vez la obra del refugio pesquero, porque, claro, eran dos obras que estaban unidas de base en el proyecto. Por lo que la vida pesquera continuó sin emisario, pero se mantuvo la gran problemática del refugio pesquero, que quedó sin solucionar como desde el primer error.

La vida pesquera continuó en las mismas condiciones en las que quedó desde el error del corte del risco, sin ningún avance, a duras penas, con la falta de protección y de acondicionamiento del varadero que garantizara unas condiciones dignas para los pescadores. Durante diez años de idas y venidas, la situación de la pesca quedó en el mismo estado en el que había quedado desde el primer intento fallido de mejora de la rampa de varada.

El tiempo corría y las candidaturas políticas pasaban, pero nada de esto suponía algún cambio en nuestra situación. Las condiciones de El Pris eran las mismas, en las que los pescadores tenían que soportar la mar de leva sin alternativas, asumiendo riesgos de todo tipo: botar el barco reventando El Pris, hacer malabares para llegar a fin de mes en invierno o salir a pescar dos veces al día en verano para aprovechar la bonanza porque después es imposible volver a pescar durante semanas y meses.

Pero ninguno de estos riesgos parecía ser lo suficientemente importante a la vista de los políticos, por lo que El Pris sufrió un gran abandono y se desatendía una problemática cuyo origen no provenía del sector, sino de la propia gestión política.

4. Bonanza: la utopía del pescador

En el año 2011, Coalición Canaria salió elegido como partido ganador en las elecciones municipales con Álvaro Dávila encabezando la lista, convirtiéndose en el nuevo alcalde del municipio. Hay personas que devuelven la fe en la política, independientemente del grupo político al que pertenezcan, y Álvaro Dávila para mí es una de ellas. Desde el inicio de su mandato, se comprometió enormemente con El Pris y con el sector pesquero, abriendo siempre la puerta de su despacho a la voz de nuestro barrio.

Álvaro Dávila acondicionó y atendió el barrio y a sus gentes como durante décadas no se había hecho y se movilizó sin tregua para solucionar los problemas que tenían los pescadores desde los tiempos pasados. Logró solucionar el problema del saneamiento de las aguas fecales en El Pris, garantizándonos la tranquilidad de que no pueda abrirse por parte del Ayuntamiento ningún otro frente en el futuro contra el sector pesquero en el intento de solucionar problemas de vertidos de aguas fecales al mar en nuestra costa mediante la instalación de un emisario. Además, desde el año 2012, Álvaro Dávila trabajó codo a codo con la Cofradía de Pescadores para rescatar e impulsar el olvidado proyecto del refugio pesquero. Una dura y difícil tarea que Álvaro Dávila y su equipo de gobierno inició junto con Melchor Herrera Fariña, el patrón mayor de la Cofradía que estuvo al frente desde el año 2012 hasta el año 2019, y que, a día de hoy, sigue en proceso, pero con gran parte del camino ya transitado gracias al gran esfuerzo y labor que realizaron unidos.

Álvaro Dávila ofrecía una viabilidad del proyecto de una forma que nos parecía prácticamente utópica, pero estaba siendo real. Por primera vez en la historia de El Pris, se proyectaba la realización del proyecto del refugio pesquero sin perjudicar al sector. Álvaro Dávila comenzó el proceso siguiendo el curso natural burocrático de los procesos políticos, presentando mociones en los plenos del Ayuntamiento hasta conseguir la aprobación por mayoría que no fue fácil debido a que los grupos políticos tienden a tener en cuenta en un grado mayor sus propios intereses antes que el bienestar de la ciudadanía, y tomando las reuniones necesarias con el director general de Pesca y otras instituciones, como la Consejería de Pesca y Puertos Canarios.

No ha sido un proceso fácil, ni rápido, ni directo. Evidentemente, fue y ha sido un proceso largo, lento y duradero cuya efectividad aún está en discusión, pero, sin embargo, consiguió mostrar lo que nunca antes se había mostrado desde el Ayuntamiento de Tacoronte. Primero, mostrar un apoyo real y una comprensión tanto técnica como socioeconómica de la situación del sector. Y, segundo, que las instituciones marítimo-pesqueras tomaran conciencia y compromiso para empezar a trabajar en el desarrollo de este proyecto.

En 2015 apareció por primera vez una noticia escrita por Gabriela Gulesserian en el *Diario de Avisos* sobre este asunto, con el titular «La mejora del refugio pesquero de El Pris llega tras 50 años de lucha», en febrero de 2015, junto a una foto en la que aparecía Álvaro Dávila, el responsable de Puertos Canarios y Melchor, el patrón mayor de la Cofradía de Pescadores de dicho momento en la zona del varadero.

La autora de la noticia recogió las claras palabras del patrón mayor de la Cofradía de Pescadores, que muestran a modo de resumen la trayectoria de esta lucha:

… el presidente de la Cofradía de Pescadores, Melchor Herrera, quien aseguró que llevan 50 años demandando la construcción de un dique artificial que les permitirá faenar con el mar en condiciones adversas y aumentar el tiempo de trabajo en nueve meses en lugar de seis, como lo hacen actualmente. Pero también les permitirá incrementar sus ingresos económicos, dado que la pesca es el sustento económico de la mayoría de las familias que viven en el lugar y que muchas veces se ven imposibilitadas de salir a trabajar debido al mal estado del mar.

La noticia continúa explicando:

«La actuación, a la que Puertos Canarios destinará 299 000 euros, consistirá en acondicionar y proteger la rampa de varada para poder entrar y salir con facilidad», precisó el director gerente del ente regional, Juan José Martínez, quien presentó el proyecto en la sede de la Cofradía de Pescadores Nuestra Señora del Carmen junto al alcalde, Álvaro Dávila; el ingeniero técnico, Óscar Rodríguez, y más de 20 personas. La obra, que cuenta con el visto bueno del sector, se licitará en abril y, de cumplirse los plazos previstos, comenzará entre mayo y junio y finalizará en un plazo que oscila entre dos y tres meses. El único «obstáculo» que puede haber es que la Consejería de Medio Ambiente y Ordenación del Territorio del Gobierno autónomo requiera el informe de impacto ambiental. Un trámite que para Juan José Martínez no es indispensable, al tratarse de una

pequeña remodelación en la instalación portuaria «para mejorar el servicio de botadura e izada de las embarcaciones y facilitar el trabajo a los pescadores». En la misma línea se expresó el ingeniero técnico, quien aseguró que el impacto que conlleva «es mínimo» y prometió que esta misma semana confirmará si es necesario disponer de este informe antes de iniciar el proyecto. En este sentido, confesó que es «uno de los más complicados que le ha tocado afrontar» debido a la zona en la que está enclavada la obra, donde es necesario instalar una grúa y luego una excavadora. Durante los trabajos, los pescadores podrán faenar y trabajar normalmente porque se dejará libre un pequeño espacio. No obstante, no habrá aparcamiento, porque este será destinado a la grúa. Rodríguez también añadió que, por razones climatológicas, estos deberán ejecutarse desde la segunda quincena de abril hasta septiembre. Por su parte, el alcalde de Tacoronte destacó que esta petición de los pescadores, que lleva años, supondrá un gran avance para el sector y repercutirá en unos 20 profesionales y sus familias, que lo notarán no solo en la actividad pesquera que realizan a diario, sino en la económica, de la cual no dependen únicamente los bares y restaurantes que hay en el barrio, sino otros de la comarca de Acentejo, como es el caso de los municipios vecinos de La Matanza y La Victoria.

Cuando apareció esta noticia, el corazón se me salía por la boca y tenía los ojos empapados en lágrimas. Mi refugio, el refugio de mi familia y de mi pueblo, el refugio para el futuro. Además, en este nuevo proyecto, según la noticia, se incluiría una solución para que los pescadores pudieran continuar faenando durante el periodo de obras. Esto suponía realmente la comprensión de la situación socioeconómica del sector pesquero, de las necesidades de nuestra gente. Esta era la única manera en la que sí podría darse un verdadero avance de la situación del sector pesquero, y no una muerte en el intento de sobrevivir para avanzar, como en las tres ocasiones anteriores. Sin embargo, nada de esto ha salido como se preveía. Todo el proyecto ha quedado paralizado a pesar de la incansable lucha de Álvaro Dávila y del sector pesquero de El Pris representado por la Cofradía de Pescadores. Ha habido demasiadas trabas burocráticas tras la incesante lucha, como, por ejemplo, el Informe de Impacto Ambiental o que la obra quedara desierta y ninguna empresa aceptara el proyecto debido a un presupuesto inicial aparentemente insuficiente.

En 2017 se aumentó la partida presupuestaria, llegando a los 500.000 euros, y se resolvió el asunto de la firma del acta de adscripción del dominio público marítimo-terrestre por parte de la Dirección General de Sostenibilidad de la Costa y del Mar del Gobierno de España, que hasta ese momento estaba pendiente de resolver. Después de ese aumento de presupuesto y de la resolución del acta de adscripción del dominio público marítimo-terrestre, todos pensábamos que estábamos más cerca que nunca de lograrlo. Habíamos pasado de un proyecto inicial que consistía en la construcción de un dique de unos 15 metros con un presupuesto de 300.000 euros a un plan mejorado con un dique de 45 metros y un presupuesto de unos 600.000 euros, que el Gobierno canario licitó en marzo de 2018. Pero, otra vez, el concurso quedó desierto, ninguna empresa aceptó la obra y a El Pris le tocó seguir esperando.

En la primavera del año 2019, finalizó el mandato de Álvaro Dávila como alcalde, aunque continuó y continúa apoyando al sector pesquero. De igual forma, el patrón mayor de la Cofradía de Pescadores de El Pris, que desde el año 2012 se mantuvo en la presidencia hasta el invierno del año 2019, no paró de reunirse con los nuevos equipos políticos que tomaron la alcaldía en el municipio, ni de luchar en nombre del sector, ni de hacer declaraciones en prensa sobre esta problemática aclarando y explicando incesantemente la gravedad y la urgencia de este asunto:

«Estamos a la espera de esa reunión, de que se cuadren las agendas, con la idea de lograr el compromiso de que el refugio de El Pris tendrá una partida económica suficiente en el próximo presupuesto regional. Si por nosotros fuera, nos reuniríamos mañana», insiste Herrera. Con el dinero reservado, la obra podría comenzar en 2020, si la licitación llega en los primeros nueve meses del año. Dadas las condiciones del mar en la costa de Tacoronte, parece improbable que la actuación pueda terminarse antes de dos o tres años. Para El Pris, el mandato recién comenzado es clave para lograr un sueño largamente esperado. En el mejor de los casos, el refugio podría terminarse en 2022 o 2023.
«Esta cofradía no se ha dejado dormir y no ha parado de insistir, como un martillo pilón, ante las administraciones públicas. Llevo siete años en el cargo de patrón mayor y nunca he dejado de reclamar nuestro refugio», explica. «Sin esa obra solo podemos trabajar cinco o seis meses al año, y tenemos muchos impuestos y facturas que pagar», lamenta Herrera. «La gente joven difícilmente se anima a entrar en el sector porque nos ve a nosotros pasar la pena negra. Con ese refugio, nos iría muchísimo mejor a nosotros y a los restaurantes, y también se produciría el necesario relevo [...]. Las circunstancias han sido las que han sido. No queremos echarle la culpa a nadie. Los que

estaban iniciaron el camino y los que están esperamos que puedan continuarlo y concluirlo».

(Periódico *El Día*, 27 de septiembre de 2019).

Actualmente, la mayor traba del proyecto ya no se debe a la partida presupuestaria, sino al bloqueo de la obra por el Informe Ambiental, como bien se explica en la noticia que ha publicado Raúl Sánchez Quiles en el periódico *El Día* con fecha de 8 de enero de 2021:

«El informe ambiental bloquea el refugio pesquero de El Pris».

Los pescadores tacoronteros esperan desde hace ya 56 años por la construcción de un pequeño dique que aporte más seguridad.

El barrio de El Pris, en Tacoronte, tendrá que seguir esperando, y ya van 56 años, por un nuevo refugio pesquero. Tras anunciarse en 2015 y modificarse posteriormente, desde 2019 permanece bloqueado mientras se redacta el nuevo informe de impacto ambiental del dique de unos 45 metros que debería proteger la rampa de varada y la zona de la grúa. El Gobierno de Canarias anunció hace ya seis años el inicio de los trabajos, pero por ahora no se ha movido ni una piedra y tampoco hay visos de que la obra pueda comenzar a corto plazo. El alcalde, José Daniel Díaz (NC), lamenta el «importante retraso» de esta infraestructura, pero celebra que en el nuevo presupuesto regional haya al menos una partida de 200.000 euros para mejorar y ampliar la rampa de varada, «lo que podría aportar algo más de seguridad». Según Díaz, el refugio pesquero se ha encontrado con las trabas burocráticas y administrativas que dificultan los informes de impacto ambiental, que dependen del Gobierno de Canarias, y luego tendría que volver a pasar por la autorización de Costas. «Hemos tratado de que se agilice, pero hay unos trámites y un orden de entrada de proyectos que no se puede alterar», reconoce el alcalde tacorontero. Poco consuelo supone para los pescadores de El Pris el compromiso de mejorar al menos la rampa de varada, para lo que sí habrá fondos en el presupuesto de la comunidad autónoma, gracias a una propuesta de Ciudadanos (Cs), negociada también con CC, NC y PSOE. Díaz confía en que esa obra sí pueda licitarse este año. En el sector consideran que sin un dique, poco o nada cambiarán sus difíciles condiciones de trabajo.

Este refugio pesquero es una demanda histórica de El Pris, ya que permitirá a los pescadores salir a trabajar entre 60 y 90 días más al año. Dos o tres meses más para faenar supondrían una gran mejora para el sector y también para los restaurantes que venden pescado en la comarca. En la actualidad, apenas pueden trabajar unos 6 meses al año, pero con el refugio aspiran a salir a pescar entre 8 y 9 meses. En la Cofradía de El Pris, quedan alrededor de una veintena de profesionales de la pesca, un número que crece un poco en verano y se reduce en invierno, cuando la actividad prácticamente se paraliza. Este proyecto prevé un dique de protección para hacer frente a los frecuentes días de fuerte oleaje que dificultan o impiden las labores de embarque y desembarque. Su objetivo es disminuir la agitación del mar, provocada por el oleaje y las corrientes, en la zona de acceso a la rampa y la grúa. Contar con un proyecto con todas las autorizaciones será solo el primer paso para avanzar hacia un sueño que aún tardaría varios años en poderse ejecutar, tras la licitación y adjudicación definitiva. Dadas las condiciones del mar en la costa de Tacoronte, la actuación podría tardar entre dos y tres años, puesto que solo se puede trabajar en la zona en los meses con menos oleaje.

«Sin un espigón, nada cambia», es lo que manifiestan los pescadores en la noticia y lo que se ha reivindicado durante ya 56 años. No sirve de nada invertir dinero en la rampa de varada sin un espigón. Volvemos a la misma problemática y a la misma gestión de hace 56 años, en la que no se comprendió o no se quiso comprender que el problema reside en la necesidad de un dique que paralice la entrada de olas y la fuerza de la mar en la zona de varada de los barcos, como ejercía antiguamente la puntilla del risco del varadero que fue cortado por un error arquitectónico, y no un mayor acondicionamiento de la rampa de varada. Sin el refugio no cambiarán las dificultades ante las que se tiene que enfrentar el sector a la hora de botar los barcos al agua o de vararlos, ni cambiarán las dificultades económicas, porque seguirá siendo imposible salir a pescar durante al menos tres, cuatro y hasta cinco meses al año.

5. Sueños ensalitrados

No hemos parado de luchar ni hemos perdido la esperanza. No nos hemos rendido. No hemos dejado de confiar ni de repetir la importancia ni la gravedad del asunto. Seguimos existiendo. Seguimos insistiendo. Seguimos batallando cada vez que se botan los barcos al agua. Seguimos batallando para llegar a fin de mes en los inviernos. Seguimos venciendo el miedo y la incertidumbre. Los pescadores y las pescadoras son héroes y heroínas que no han dejado de luchar para cubrir las necesidades básicas de sus familias contra viento y marea.

Seguimos soñando con ver el refugio, con ver a los pescadores saliendo a pescar tres o cuatro meses más al año, seguimos soñando con ver al sector pesquero de El Pris en condiciones dignas antes de la jubilación de muchos de ellos. Seguimos soñando con que los pocos jóvenes que se dedican a la pesca no abandonen el sector por el mismo motivo por el que muchos lo han rechazado: por las duras condiciones, el exceso de dificultades y los escasos recursos. Seguimos soñando con que en el futuro no se pierda esta tradición ni en El Pris ni en ninguna zona norte de la isla de Tenerife, dado que, en el último sondeo realizado en el año 2012, se contabilizaron tan solo noventa pescadores en la zona norte. Tan solo noventa hombres representando y manteniendo con vida todo un legado tradicional canario que desaparecerá si se continúa desatendiendo sus problemáticas. Tan solo noventa hombres, pero cada uno de ellos importa, cada uno de ellos es el único testigo de la tradición pesquera artesanal. Y cada uno de ellos tiene familia.

Soy una soñadora de salitre que mediante este ensayo trata de plasmar y de dejar recogido en papel una tradición que se va llevando la corriente a las profundidades del océano. No he parado de soñar con la bonanza que tanto anhelan los pueblos pescadores.

Gracias, Álvaro Dávila, por tu entrega en este proceso y por demostrarnos compromiso. Gracias, Fernando Gutiérrez, por tu entrega, paciencia, coraje y dedicación con todas las problemáticas del sector pesquero artesanal de Canarias al frente de la presidencia de la Federación Regional de Pesca. Gracias, José Pascual, por tu continua tarea de investigación en viabilidad de comercialización del pescado fresco de nuestros pescadores artesanales.

Gracias, papá, por alimentarme y por demostrarme en tus siete años como patrón mayor de la Cofradía de Pescadores de El Pris que se debe luchar sin rendirse a lo largo de toda una vida por lo que merecemos con respeto, educación, talante y perseverancia.

Gracias, mamá, por alimentarme y por enseñarme que el amor incondicional puede vencer todas las dificultades. Eres nieta, hija, sobrina, hermana y tía de pescadores. Eres mujer de pescador y madre.

Gracias a la filosofía, porque entendí que la vida es lucha, que no debo morir en silencio y que emana el arte de las injusticias.

Por un mayor compromiso, por una actuación real, por un porvenir mejor no solo de El Pris, sino de todo el sector pesquero artesanal de las Islas Canarias y por el mantenimiento de nuestras tradiciones. Basta de hacer oídos sordos, basta de ignorar al sector primario de las Islas Canarias que tantos siglos de historia tiene en nuestras islas, basta de ahogar y mutilar a la población artesanal de nuestras islas, demos la importancia y el valor que se merecen nuestras gentes y nuestras prácticas basadas en una técnica amiga de la naturaleza.

Sobre la autora

Cathaysa Herrera Rodríguez (El Pris, Tacoronte, Santa Cruz de Tenerife, 1993) es hija de pescadores artesanales. Graduada en Filosofía por la Universidad de La Laguna, y amante de las letras y la historia de Canarias, actualmente se encuentra realizando un posgrado sobre Problemas Sociales.

Se formó como marinera-pescadora en el Instituto Náutico de San Andrés, en Tenerife. En ocasiones sale a faenar con su padre cuando tiene tiempo libre y hay bonanza para aprender y vivir la profesión de su familia y de su pueblo, aunque desde muy pequeña ya iba a vender pescado con su madre durante las vacaciones escolares. Siempre ha combinado la cultura académica con la cultura del sector artesanal primario isleño canario, y seguirá haciéndolo mientras la vida se lo permita.

Índice